山东省地方标准

锚拉重力式挡土墙设计与施工技术标准

Technical standard for construction and design of gravity retaining wall with ground anchorage

DB 37/T 3361—2018

主编单位:山东省交通运输厅公路局
山东大学
山东省交通规划设计院
齐鲁交通发展集团有限公司青临分公司
批准部门:山东省质量技术监督局
实施日期:2018 年 08 月 19 日

人民交通出版社股份有限公司

图书在版编目(CIP)数据

锚拉重力式挡土墙设计与施工技术标准/山东省交通运输厅公路局等主编. — 北京：人民交通出版社股份有限公司, 2019.8

ISBN 978-7-114-15687-8

Ⅰ. ①锚⋯ Ⅱ. ①山⋯ Ⅲ. ①锚固式挡土墙—结构设计—技术标准—山东②锚固式挡土墙—工程施工—技术标准—山东 Ⅳ. ①TU476-65

中国版本图书馆 CIP 数据核字(2019)第 138593 号

书　　　名：	锚拉重力式挡土墙设计与施工技术标准
著　作　者：	山东省交通运输厅公路局
	山东大学
	山东省交通规划设计院
	齐鲁交通发展集团有限公司青临分公司
责任编辑：	黎小东
责任校对：	张　贺
责任印制：	张　凯
出版发行：	人民交通出版社股份有限公司
地　　　址：	(100011)北京市朝阳区安定门外外馆斜街 3 号
网　　　址：	http://www.ccpress.com.cn
销售电话：	(010)59757973
总 经 销：	人民交通出版社股份有限公司发行部
经　　　销：	各地新华书店
印　　　刷：	北京市密东印刷有限公司
开　　　本：	880×1230　1/16
印　　　张：	1.5
字　　　数：	33 千
版　　　次：	2019 年 8 月　第 1 版
印　　　次：	2019 年 8 月　第 1 次印刷
书　　　号：	ISBN 978-7-114-15687-8
定　　　价：	30.00 元

(有印刷、装订质量问题的图书,由本公司负责调换)

目　次

前　言

本标准按照 GB/T 1.1—2009 给出的规则起草。

本标准由山东省交通运输厅提出并归口。

本标准起草单位：山东省交通运输厅公路局、山东大学、山东省交通规划设计院、齐鲁交通发展集团有限公司青临分公司。

本标准主要起草人：李英勇、毕玉峰、张宏博、薛志超、宋修广、李涛、李颖、赵秋宇、杨秀生、郑立志、于一凡、陈晓光、朱兆昌、李光太。

引　言

挡土墙在路堤边坡处置中具有集约用地、保护环境等优点,其中重力式挡土墙因取材方便、工艺简单、适用范围广、造价相对较低,在土木工程中应用较为普遍。但由于极限高度低、地基承载力要求高等因素,制约了重力式挡土墙更为广泛地应用。锚拉重力式挡土墙是在传统重力式挡土墙的基础上衍生创新的新型挡土墙形式,针对传统重力式挡土墙的受力原理和主要破坏形式,在挡土墙墙身与土体之中设置锚杆,并根据服役条件要求在不同实施阶段锁定或施加预应力,使锚拉重力式挡土墙具有更高的自身稳定性和受力变形自协调能力,并能够显著减少挡土墙断面尺寸和节约土地。由于锚拉重力式挡土墙墙土之间力学作用特性复杂、作用力自平衡过程难以用公式表示、施工材料和工艺要求高,所以国内外工程技术人员虽然对锚拉重力式挡土墙进行了一些研究,但未提出锚拉重力式挡土墙设计与施工技术及质量控制的相关标准。

近年来,结合山东省公路建设实践和山东省交通科技项目支持,在相关理论分析、数值模拟、模型验证和大量现场试验段的基础上,对山东省锚拉重力式挡土墙的设计与施工进行广泛研究和全面总结,取得了宝贵的理论分析和工程应用成果。为明确统一锚拉重力式挡土墙设计、施工和验收标准,提高设计工作质量和施工控制水平,结合实体工程应用经验和长期监测成果,制定本标准。

各有关单位在标准使用过程中,若发现存在不当之处或有好的意见和建议,请及时函告山东省交通运输厅公路局(联系地址:山东省济南市舜耕路 19 号,邮编:250002),以便修订时参考。

锚拉重力式挡土墙设计与施工技术标准

1 范围

本标准规定了锚拉重力式挡土墙的设计、施工和质量验收标准。除本标准已有规定外，尚应符合国家现行有关标准的规定。

本标准适用于新建和改扩建公路的锚拉重力式挡土墙的设计与施工。

2 规范性引用文件

下列文件对于本文件的应用是必不可少的。凡是注日期的引用文件，仅注日期的版本适用于本文件。凡是不注日期的引用文件，其最新版本（包括所有的修改单）适用于本文件。

GB 50003　　　砌体结构设计规范
GB 50010　　　混凝土结构设计规范
GB 50086　　　岩土锚杆与喷射混凝土支护工程技术规范
GB 175　　　　通用硅酸盐水泥
DL/T 5083　　　水电水利工程预应力锚索施工规范
JTG B05-01　　公路护栏安全性能评价标准
JTG D62　　　公路钢筋混凝土及预应力混凝土桥涵设计规范
JTG C10　　　公路勘测规范
JTG D30　　　公路路基设计规范
JTG D81　　　公路交通安全设施设计规范
JTG F10　　　公路路基施工技术规范
JTG C20　　　公路工程地质勘察规范
JGJ 85　　　　预应力筋用锚具、夹具和连接器应用技术规程
JTG/T F50　　公路桥涵施工技术规范
JGJ/T 98　　　砌筑砂浆配合比设计规程
JTG E40　　　公路土工试验规程
JTG E41　　　公路工程岩石试验规程
JTG D61　　　公路圬工桥涵设计规范
JTG F80/1　　公路工程质量检验评定标准　第一册　土建工程
DB 33/T 904　　公路软土地基路堤设计施工技术规范

3 术语和定义

下列术语和定义适用于本文件。

3.1

锚拉重力式挡土墙 **gravity retaining wall with ground anchorage**
一种由重力式挡土墙墙身、锚杆杆体及杆体外的水泥砂浆注浆体构成的复合挡土结构。

3.2

预应力锚杆　　prestressed anchor

能将张拉力传递到稳定的或适宜的土体中的一种受拉杆件(体系),一般由锚头、杆体自由段、杆体锚固段组成。

4　基本原则和要求

4.1　在锚拉重力式挡土墙设计与施工中,应贯彻执行国家的技术经济政策,按照安全、经济、耐久的原则,精细设计,精心实施,精准控制。

4.2　锚拉重力式挡土墙一般适用于填土高度大于5m、地基承载力较高、石料资源供应充足、路基填筑材料较好的地段。对需节约用地、控制拆迁和具有生态保护要求的路段,宜采用锚拉重力式挡土墙。

4.3　应根据工程环境、水文地质条件、荷载作用效应特征、工后位移及变形要求、防腐耐久性要求,按照动态设计理念及便于后期养护的原则进行设计。

4.4　施工前应对工程环境、地质条件进行详细核查,制订与设计要求相对应的施工方案,并经专家进行专项论证,施工工艺参数一般应通过试验段确定。

4.5　施工时应加强对砂浆、锚杆(索)、石材、路基填料等施工材料的质量检测工作,强化锚杆构造部位的质量管控。应充分分析安全风险因素,制订周密的监测方案,监测数据可作为设计和施工优化的依据。

4.6　完工后应按照JTG F80/1的规定进行工程质量评定。

5　地质勘测与环境调查

5.1　锚拉重力式挡土墙的调查、勘测和资料收集工作,应按照JTG C10、JTG C20的有关规定执行。应根据锚拉重力式挡土墙的规模、重要程度和设置环境来决定调查、勘测的方法及范围,对实地调查结果及搜集的资料进行分析,初步确定挡土墙的结构类型、形式和基本尺寸后,进行正式勘测。工程的地质勘测应与公路地基勘测同步进行,也可在公路地基勘测后,根据挡土墙设计需要进行补充勘测。在施工图设计阶段,应搜集挡土墙路段加密桩号的路基横断面图,挡土墙起讫桩号路基横断面图,墙址纵断面图,地质纵、横剖面图及设计、施工所需的其他调查资料。

5.2　锚拉重力式挡土墙工程地质勘测前,应确定勘测深度及勘测范围,并编写岩土工程勘察计划书。

5.3　为提供挡土墙设计参数,应进行现场调查与试验。其主要项目如下:

　　a)　土压力设计参数,包括土的密度、密实度、黏聚力、内摩擦角等,应按照JTG E40的规定,进行土的物理力学性质试验;

　　b)　地基承载能力与变形计算参数,应根据墙址处地基的承载力、沉降变形等可能影响的范围,确定地基调查深度后,进行勘探和测试;

　　c)　稳定性验算所需设计参数,基础与地基土间的摩擦系数等宜采用试验方法确定;

　　d)　沿河挡土墙应调查搜集洪水流量、水位、水深、流速、流向和冲刷等水文分析计算资料。

5.4　挡土墙地基,应采用坑探、钻探等方法勘探。

5.5　挡土墙承重部位下部可能存在滑动面时,应对其影响区范围内进行挖探。

5.6　在确定挡土墙的结构形式、基础类型及基础深度时,除应按本标准5.3的规定调查、搜集墙址处的相关设计资料外,还应调查挡土墙周围环境条件,评估锚拉重力式挡土墙在施工过程中对环境的影响,以及锚拉重力式挡土墙建成后与周围环境的相互影响。

5.7 开展施工条件调查,搜集包括空间作业条件、原有构造物及地下埋设物的情况、施工环境风险控制要求以及施工噪声、振动、污水和粉尘等环境污染控制要求等。

6 锚拉重力式挡土墙设计

6.1 一般规定

6.1.1 锚拉重力式挡土墙由重力式墙身、基础及锚拉系统组成。锚拉系统由锚杆、锚具、连接件及锚杆外注浆体等组成,必要时可设置锚定板。

6.1.2 锚拉重力式挡土墙分为预应力式和非预应力式两种类型,非预应力式按工法又可分为施工后锚固和施工中锚固。

6.1.3 锚拉重力式挡土墙设计应综合考虑工程地质、路基高度、荷载作用情况、环境条件、施工条件和工程造价等因素。

6.1.4 锚拉重力式挡土墙设计应包括基础及墙身的断面尺寸设计、锚拉系统的构造及防腐设计、锚拉力计算和挡土墙稳定性验算等。

6.1.5 设计中应考虑挡土墙对环境的影响,确定必要的环境保护方案。

6.1.6 锚拉重力式挡土墙设计计算应按照本标准相关规定和现场试验情况进行动态设计,并应符合JTG D30、GB 50086等相关规定。

6.1.7 路肩式挡土墙的顶面宽度不应占据硬路肩、行车道及路缘带等路基宽度范围,并应设置护栏。护栏设计应符合JTG B05-01、JTG D81的有关规定。

6.2 一般构造

6.2.1 应按照有关规定在墙面设置泄水孔及墙背反滤和排水构造,墙身沉降缝及伸缩缝距离锚杆的间距不小于0.5倍锚杆横向设置间距。

6.2.2 锚拉重力式挡土墙锚杆可按一层或多层布设,两层及以上宜采用三角形布设。

6.2.3 锚拉重力式挡土墙锚头可采用锚墩、框架梁、钢板等形式。锚固段宜采用现浇方式设置,非预应力锚拉重力式挡土墙墙体部分设置套管,预应力锚拉重力式挡土墙墙体及自由段设置套管。连接件采用螺栓连接、焊接连接。

6.2.4 锚拉重力式挡土墙按墙背常用线形一般分为锚拉垂直式、锚拉俯斜式,如图1所示。

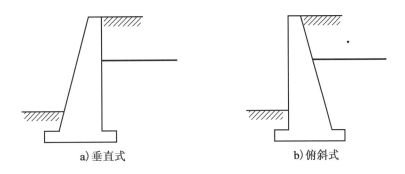

a) 垂直式　　　　　　　　　　b) 俯斜式

图1 锚拉重力式挡土墙墙背线形

6.2.5 锚拉重力式挡土墙锚头所在位置构造可分为显式和隐式两种类型,如图2所示。需调整预应力值的锚杆锚头宜装设钢质防护罩,其内充满油脂进行防腐;不需调整拉力的锚杆锚头可采用混凝土封闭进行防腐,保护层厚不应小于50mm。锚杆自由段保护套管内注入油脂进行防腐保护。

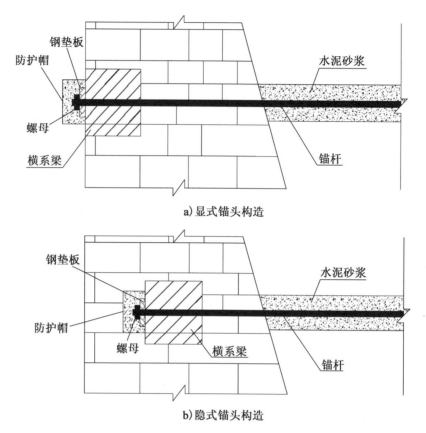

a) 显式锚头构造

b) 隐式锚头构造

图2 显式与隐式锚拉重力式挡土墙

6.3 设计验算

6.3.1 设计内容

锚拉重力式挡土墙设计计算应包括以下内容：

a) 挡土墙墙背、墙面所受土压力；

b) 挡土墙地基应具有的最小承载力；

c) 挡土墙墙身与基础的截面尺寸；

d) 挡土墙墙面、墙背的倾角；

e) 挡土墙抗滑动、抗倾覆稳定性、墙身截面正应力、滑移稳定性、圆弧滑动稳定性的验算；

f) 锚杆的尺寸、位置、布置方式、与挡土墙的连接方式及砂浆体尺寸；

g) 锚杆抗拔承载力、杆体抗拉承载力验算；

h) 横系梁配筋。

6.3.2 设计方法

锚拉重力式挡土墙设计方法如下：

a) 根据挡土墙周围地形和环境条件或者节约土地的要求，确定挡土墙的设置位置和断面形式；

b) 按照表1的荷载组合方式，对挡土墙稳定性初步计算后，确定锚拉重力式挡土墙断面尺寸及锚杆布设方式；

c) 施工后锚固的非预应力式挡土墙土压力计算可按照 JTG D30 的规定执行；对预应力锚拉重力式挡土墙和施工中锚固的非预应力式挡土墙，应进行数值模拟确定挡土墙墙背土压力和锚杆

抗拔力,在缺乏工程类比条件下,必要时进行模型试验进行验证;

d) 进行挡土墙的地基承载力、基底合力偏心距、挡土墙抗倾覆、抗滑移稳定性和位移变形验算,必要时进行整体滑动稳定性验算,根据计算情况调整挡土墙的断面尺寸。挡土墙水平位移应小于0.1%~0.3%。挡土墙抗倾覆、抗滑动稳定系数不应小于表2的规定,整体滑动稳定系数不低于1.8;

e) 细化基础及墙身设计参数,优化锚杆的直径、数量和具体布置位置;

f) 锚拉重力式挡土墙的墙身材料强度可按照JTG D61的规定采用,应进行墙身的剪应力验算;

g) 锚杆锚固段注浆体与周边土体间的黏结抗拔安全系数应不小于表3的要求。

表1 荷载组合方式

组 合	作用(或荷载)名称
Ⅰ	挡土墙结构重力、墙顶上的有效永久荷载、填土重力、填土侧压力及其他永久荷载组合
Ⅱ	组合Ⅰ与基本可变荷载相组合
Ⅲ	组合Ⅱ与其他可变荷载相组合

表2 抗滑动和抗倾覆的稳定系数

荷载情况	验算项目	稳定系数	
荷载组合Ⅰ、Ⅱ	抗滑动	K_C	1.4
	抗倾覆	K_0	1.7
荷载组合Ⅲ	抗滑动	K_C	1.4
	抗倾覆	K_0	1.4
施工阶段验算	抗滑动	K_C	1.3
	抗倾覆	K_0	1.3
注:墙身稳定性系数不低于1.0,加锚杆后应达到本表要求。			

表3 锚杆、锚索安全系数

锚拉重力式挡土墙类型		安全系数	
		锚杆	锚索
预应力式		2.4	2.5
非预应力式	施工中锚固	2.2	2.3
	施工后锚固	2.1	2.2

6.3.3 设计算例

锚拉重力式挡土墙详细的设计计算方法参见附录A。

6.3.4 设计要点

6.3.4.1 挡土墙宜采用明挖基础。对于建筑在大于5%纵向斜面上的挡土墙,基底应设计为台阶式。

6.3.4.2　基础的埋置深度应按照 JTG D30 的要求进行设计。

6.3.4.3　应根据墙址地形情况、墙身受力情况及经济比较,合理选择挡土墙的墙背坡度,墙背坡度一般取值为 1∶0 ~ 1∶0.4,台阶式一般不超过三级。墙面坡度应与墙背坡度相配合。

6.3.4.4　墙顶宽度应按照 JTG D30 进行设计。

6.3.4.5　单层锚杆宜设置在 $0.5H$ ~ $0.6H$(H 为墙高),双层及以上锚杆宜设置在 $0.3H$ ~ $0.7H$。锚杆纵横向布置间距应根据挡土墙受力情况进行确定,锚杆最小间距为 1.5m。

6.3.4.6　对于非预应力式挡土墙,锚杆应在潜在滑移面以外锚固长度不宜小于 5m。对于预应力式挡土墙,锚杆在潜在滑移面以外锚固段长度应根据 JTG D30 第 5.5.6 条的规定计算确定。单根锚杆拉力不应超过锚杆强度的 75%。

6.3.4.7　锚杆宜水平设置,允许误差不超过 ±5°。

6.3.4.8　外锚固端采用框架梁形式时:
a)　截面宽度不得小于 0.30m,梁的设计宜分单元进行。梁内弯矩、剪力按框架梁或连续梁计算,梁结构应按照 GB 50010 计算。梁内主筋应分单元配置通长钢筋,混凝土强度不宜低于 C30。
b)　外锚固端采用锚墩形式时,锚墩截面形式一般为方形或圆形,其截面尺寸和配筋应根据锚拉力大小、墙体承载要求计算确定。锚墩截面厚度不得小于 0.30m,混凝土强度不宜低于 C30。
c)　外锚固端采用钢垫板形式时,钢垫板面积应根据锚拉力的大小及锚下墙体的局部承压强度计算确定,锚垫板的厚度不宜小于 10mm。若采用混凝土保护,其厚度不得小于 5cm。

6.3.4.9　挡土墙墙背内注浆体应现场支模浇筑,其截面尺寸应根据锚固力大小设计,一般不宜小于 30cm。墙体内及预应力自由段应进行防腐处理。

6.3.4.10　锚拉重力式挡土墙内部应设横系梁,并应根据横系梁受力情况进行配筋,横系梁可预制或现场浇筑,预制时横系梁应预留锚孔,锚杆与横系梁锚孔间的空隙应进行防腐处理。

6.3.4.11　锚杆在墙体采用预先设置的方式,锚杆通过焊接、螺栓进行连接。

6.3.4.12　宜在墙面均匀布设 10% 的锚杆补设孔,墙体内按锚杆设计长度通长布设内径为 10cm ~ 15cm 的 PVC 管。补设锚杆宜采用分层多次注浆方式。

6.3.4.13　实际工程中,应采用试验段进行锚杆轴力和挡土墙变形情况监测,并根据监测数据适当增加锚杆长度或设置锚定板。

6.3.4.14　应根据墙背渗水量的大小合理确定泄水孔或泄水管的尺寸与布置方式,并完善相应的防排水系统。泄水孔沿墙体竖向和纵向设置,间距宜为 2m ~ 3m。

6.3.4.15　应结合墙址实际地形、水文、地质变化情况及锚杆布设设计沉降缝和伸缩缝,挡土墙每分段宜为 10m ~ 15m,相邻段高差不宜超过 1.2m,沉降缝和伸缩缝可合并设置,缝宽宜为 10mm ~ 20mm。

6.3.4.16　挡土墙墙背填料宜采用渗水性强的砂性土、砂砾、碎(砾)石、粉煤灰等材料,严禁采用淤泥、腐殖土、膨胀土,不宜采用黏土。在季节性冻土地区,不应采用冻胀性材料作为填料。

6.3.4.17　角石和顶石应根据挡土墙设计高度、现场基础顶面高程、砌缝宽度进行单独设计,最小顶石厚度不应小于块石厚度的 50%,最小角石长度不应小于块石长度的 50%。

6.3.4.18　挡土墙可采用锥坡与路堤连接,墙端伸入路堤内长度不应小于 0.75m,锥坡坡率宜与路堤边坡一致。

7　材料

7.1　墙身及其附属结构所用材料强度等级应符合表 4 的规定。

表4 墙身及附属构造物所用材料最低强度等级

墙身材料	材料最低强度等级			适用条件
	水泥砂浆	石料	混凝土预制块	
块石	M15	MU40	C30	预应力锚拉重力式挡土墙
	M10	MU30	C20	施工后锚固锚拉重力式挡土墙
	M15	MU30	C20	施工中锚固锚拉重力式挡土墙
	M15	MU40	C30	浸水挡土墙的浸水部分

7.2 砂浆材料中,水泥宜使用普通硅酸盐水泥或复合硅酸盐水泥,水泥应符合 GB 175 的有关规定;对防腐有特殊要求时,可采用抗硫酸盐水泥,不得采用高铝水泥;水泥强度等级不应低于 32.5。

7.3 石料强度的测定应按 JTG E41 的相关要求执行。

7.4 非预应力锚拉重力式挡土墙锚杆体可使用螺纹钢筋或精轧螺纹钢筋,预应力锚拉重力式挡土墙锚杆体宜选用预应力精轧螺纹钢筋,锚杆原材料性能应符合国家现行标准的有关规定。

7.5 预应力锚拉重力式挡土墙中预应力筋用锚具、夹具和连接器的性能均应符合 JGJ 85 的有关规定,锚杆连接构件均应能承受 100% 的杆体极限抗拉承载力。

7.6 应优先选择渗水性良好的砂土、碎(砾)石土作为路基填料。

8 锚拉重力式挡土墙施工

8.1 一般规定

8.1.1 应根据设计文件核对工程量、工地情况、工期要求和施工条件,结合现场试验及监测数据分析结果,编制施工组织设计。

8.1.2 锚拉重力式挡土墙施工时应加强监测。

8.1.3 在岩体破碎、土质松软或易汇水地段修建挡土墙,雨期施工应做好防排水措施。

8.1.4 锚拉重力式挡土墙的施工,除应符合本规范外,还应符合国家现行的有关标准和规范。

8.2 试验段实施

8.2.1 在具有代表性的路段实施试验段,试验段长度不宜小于 20m。

8.2.2 编制试验段实施方案,试验段施工前需进行专门的技术交底。

8.2.3 试验段实施过程中,应加强现场监测和巡视,建立施工方案定期协商机制。

8.2.4 对试验段监测数据进行分析后,应完善施工图设计和施工组织设计,并组织专项论证后,方可进行常规施工。

8.3 施工要点

8.3.1 挡土墙施工前,应做好截、排水及防渗设施。

8.3.2 基坑的开挖尺寸应满足基础施工的要求,基坑底的平面尺寸宜大于基础外缘 0.5m ~ 1.0m。

8.3.3 挡土墙墙身采用块石平砌砌筑。块石墙身要分层错缝砌筑。块石的镶面石应一丁一顺排列,灰缝宽度应为 20mm ~ 30mm,上下层竖缝错开距离应不小于 80mm。

8.3.4 墙身砌出地面后,基坑应及时分层回填夯实,并在回填土表面设 3% 的向外斜坡,防止积水渗入基底。

8.3.5 根据砌出地面后剩余墙高进行块石层次配料,加工顶石和角石,每层石料高度应齐平。

8.3.6 墙体施工时,应按照设计要求正确布置锚杆通道、锚杆预埋件、泄水孔(管)等预埋构件,并按储备锚杆的设计规定沿墙身内通长布设 PVC 管。

8.3.7 应根据设计图的分段长度进行沉降缝和伸缩缝的施工,沉降缝、伸缩缝的缝宽,应整齐一致,上下贯通,缝中防水材料应按相关标准的要求施工。

8.3.8 当砌筑墙身达到锚杆设计高度时,应按设计要求设置横系梁、锚墩或锚垫板等构造。现浇混凝土达到设计强度的 75% 时,方可砌筑上部墙体。

8.3.9 当墙身达到设计强度时,方可进行墙背填料施工。

8.3.10 距挡土墙墙背 1.5m 范围内不允许用重型振动压路机压实,应采用小型压实机进行压实处理或人工夯实。

8.3.11 当路基填土达到锚杆设计高度以上 30cm 时,应按设计要求尺寸反开挖路基。按设计长度布设锚杆,锚杆与挡土墙墙身内预留部分通过焊接、螺栓等方式进行连接。

8.3.12 锚杆外水泥砂浆的浇筑宜按以下顺序进行:

    a) 清理沟槽,保证沟槽底部水平,采用垫块将锚杆架起,宜使锚杆位于注浆体设计截面的中心位置,并保证锚杆水平;

    b) 进行水泥砂浆浇筑,锚杆全长进行浇筑。浇筑完成之后按规定进行养护,当水泥砂浆达到设计强度的 75% 后,进行下一层填土施工。

8.3.13 非预应力施工后锚固的锚拉重力式挡土墙,在路基填筑完成后予以锁定;施工中锚固的锚拉重力式挡土墙,在锚固端砂浆到达设计强度后予以锁定。

8.3.14 预应力锚拉重力式挡土墙在锚固端砂浆达到设计强度并根据设计要求填筑相应路基厚度后,进行张拉锚固。待路基填筑完成后,对全部锚拉杆锚拉力按设计和监测数据进行调整并锁定。

8.3.15 预应力锚拉重力式挡土墙锚杆张拉、锁定和防腐应符合 GB 50086 的要求。

8.3.16 防、排水设施应与墙体、路基施工同步进行,同时完成。

8.4 监测及维护

8.4.1 锚拉重力式挡土墙在施工过程中及运营期应编制监测方案,对挡土墙的竖向及侧向变形、锚杆拉力、墙身土压力等进行监测。

8.4.2 试验段应选取 3 个 ~5 个断面的锚杆安装轴力计,沿挡土墙墙身及基底布设土压力传感器,监测施工过程中锚杆轴力及墙身与基底土压力的变化。监测频率为:施工期每天不少于 1 次~2 次。

8.4.3 正式施工时,墙身变形和位移每 10m~20m 不应少于 1 个监测断面,锚杆拉力每 50m 不少于 1 个监测断面。施工期每天监测不少于 2 次,运营期每月监测不少于 1 次。监测周期可为施工期至完工后 2 年。

8.4.4 监测数据应及时进行整理和分析,并上报建设管理运营单位。

8.4.5 当挡土墙顶部水平位移超过 15mm 或水平位移变化速率大于 2mm/d,或锚杆拉力超过极限抗拉强度的 75% 时,应及时上报并加强监测。

9 质量管理与检查验收

9.1 一般规定

9.1.1 挡土墙施工现场质量管理应明确施工技术标准,建立完善的质量管理体系、施工质量控制和质量检验制度。

9.1.2 施工期监测报告的内容主要包括:部位、项目、方法、仪器型号、监测数据及分析资料。

9.1.3 锚拉重力式挡土墙施工过程及完工后,应按设计要求和质量合格条件进行分部分项质量检验和验收试验。

9.1.4 工程施工中对检验出不合格的锚杆或其他材料,应根据不同情况分别采取增补或更换方法进行处理。

9.2 基本要求

9.2.1 所有原材料的质量和规格应符合本标准及有关规范的要求,进场时应认真检查并做好记录。

9.2.2 施工前应根据规范要求对所用石料、钢筋、锚具、水泥砂浆的性能进行试验。

9.2.3 石料的强度、规格和质量应符合有关规范和设计要求。

9.2.4 砂浆所用的水泥、砂、水的质量应符合有关规范的要求,按规定的配合比施工。

9.2.5 地基承载力必须满足设计要求,基础埋置深度应满足设计要求。

9.2.6 砌筑应分层错缝,坐浆挤紧,嵌填饱满密实,不得有空洞。

9.2.7 锚杆的质量、规格和数量必须满足设计和有关规范的要求。

9.2.8 沉降缝、泄水孔、反滤层的设置位置、质量和数量应符合设计要求。

9.3 实测项目

锚拉重力式挡土墙实测项目的施工质量应符合表5、表6的规定。

表5 锚拉重力式挡土墙施工质量标准

序号	检查项目		规定值或允许偏差	检查方法和频率
1	砂浆强度(MPa)		在合格标准内	每1工作台班2组试件
2	平面位置(mm)		50	经纬仪:每20m检查墙顶外边线3点
3	顶面高程(mm)		±20	水准仪:每20m检查1点
4	竖直度或坡度(%)		0.5	吊垂线:每20m检查2点
5	断面尺寸		不小于设计要求	尺量:每20m量2个断面
6	底面高程(mm)		±50	水准仪:每20m检查1点
7	表面平整度(mm)	块石	20	2m直尺:每20m检查3处,每处检查竖直和墙长两个方向
		片石	30	
		混凝土块、料石	10	
8	混凝土强度(MPa)		在合格标准内	每1工作台班2组试件

表6 锚杆施工质量标准

序号	检查项目	规定值或允许偏差	检查方法和频率
1	锚杆长度(mm)	+100,−30	尺量:每20m检查5根
2	锚杆间距(mm)	±20	尺量:每20m检查5根
3	锚杆与墙体连接	符合设计要求	目测:每20m检查5处
4	锚杆防护	符合设计要求	目测:每20m检查10处
5	锚杆拉力	封锚前:预应力损失不低于20%	根据锚杆测力计测试
6	锚墩、锚垫板尺寸	符合设计要求	尺量:检测数量20%

9.4 外观鉴定

9.4.1 砌体表面平整,砌缝完好、无开裂现象,勾缝平顺、无脱落现象。

9.4.2 锚墩、横隔梁表面密实,无开裂现象。锚垫板防腐措施完好。

9.4.3 泄水孔坡度向外,无堵塞现象。不符合要求时,必须进行处理。

9.4.4 沉降缝整齐垂直,上下贯通。不符合要求时,必须进行处理。

9.5 检查验收

按 JTG F80/1 的相关要求执行。

附　录　A

（规范性附录）

锚拉重力式挡土墙设计算例

某公路挡土墙采用锚拉重力式挡土墙结构形式,挡墙的断面尺寸如图 A.1 所示。参照本标准 6.3
的相关规定,主要设计计算的内容包括:挡土墙墙身与基础的截面尺寸,挡土墙墙面、墙背的倾角,锚杆
的尺寸、位置、布置方式,横系梁配筋。主要验算内容包括:挡土墙抗滑动、抗倾覆稳定性、墙身截面正应
力、滑移稳定性、圆弧滑动稳定性的验算;锚杆抗拔承载力、杆体抗拉承载力验算。

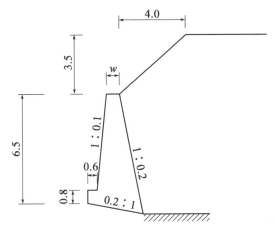

图 A.1　锚拉重力式挡土墙设计算例几何尺寸图(尺寸单位:m)

A.1　设计资料

A.1.1　挡土墙几何尺寸

挡土墙墙高为 6.5m,设定面坡倾斜坡度 1:0.1,背坡倾斜坡度 1:0.2,采用 1 个扩展墙趾台阶,墙趾
台阶宽 0.6m,墙趾台阶高 0.8m,墙趾台阶与墙面坡坡度相同,墙底倾斜坡率 0.2:1。挡土墙墙背填土
高度高出挡墙顶面 3.5m。

A.1.2　挡土墙基本力学参数

a)　圬工砌体重度:23kN/m³;

b)　圬工之间摩擦系数:0.4;

c)　墙底摩擦系数:0.4;

d)　墙身砌体容许压应力:2100kPa;

e)　墙身砌体容许剪应力:110kPa;

f)　墙身砌体容许拉应力:150kPa;

g)　墙身砌体容许弯曲拉应力:280kPa;

h)　墙后填土重度:18.5kN/m³;

i)　墙后填土摩擦角:17.5°;

j)　墙后填土黏聚力:23kPa;

k)　地基土重度:18kN/m³;

l)　地基土内摩擦角:30°;

m)　地基土黏聚力:11kPa。

A.2 设计计算关键步骤

（1）墙顶宽度的确定：设计采用试算法，假定墙顶宽为任一数值 w（本算例设为初始值 $w = 1.0m$），不考虑锚杆的作用，计算确定挡土墙抗滑安全系数、抗倾覆安全系数，并取其最小值与 1.0 进行比较，若 $K_{min} >$ 1.0，则减小墙顶宽度重新进行计算，直至 $K_{min} = 1.0$；反之，则增大墙顶宽度进行试算，直至 $K_{min} = 1.0$。

（2）锚杆布设参数的确定：在此基础上，按照 JTG D30 中有关边坡锚固力的相关计算方法，确定锚杆布设参数。

（3）锚固预应力的确定：采用数值分析软件，计算该设计条件下挡土墙土压力与墙身位移，进一步优化完善锚杆布设参数，确定锚杆预应力值。

A.3 荷载计算

A.3.1 荷载分项系数

依据《公路挡土墙设计与施工细则》，选取荷载分项系数如下：
挡土墙结构重力分项系数 = 0.9；
填土重力分项系数 = 0.9；
填土侧压力分项系数 = 1.4；
预应力分项系数 = 1.0。

A.3.2 土压力计算

第 1 破裂角：39.114°；
$E_a = 284.06kN$，$E_x = 248.90kN$，$E_y = 136.89kN$，作用点高度 $Z_y = 1.832m$；
因为俯斜墙背，需判断第二破裂面是否存在，计算后发现第二破裂面不存在；
墙身截面面积为 $13.187m^2$，重量为 303.29kN。

A.3.3 滑动稳定性验算

挡土墙滑动稳定性安全系数应满足式（A.1）的要求。

$$K_c = \frac{(0.9G_n + 1.4E_x)u + T}{1.4E_x} \geqslant 1.3 \qquad (A.1)$$

式中：K_c——抗滑移安全系数；

$\quad G_n$——垂直于基底的重力合力；

$\quad T$——锚固预应力，此阶段验算 $T = 0$；

$\quad u$——基底摩擦系数，$u = 0.4$。

采用倾斜基底增强抗滑动稳定性，计算过程如下：
基底倾斜角度为 11.31°；
$W_n = 297.40kN$，$E_n = 142.65kN$，$W_t = 59.48kN$，$E_t = 172.32kN$；
滑移力 = 157.98kN，抗滑力 = 186.93kN；
得到滑动稳定性安全系数：$K_c = 1.18$。

A.3.4 倾覆稳定验算

求出自重 G 的重心距离墙趾 O 点距离 $X_0 = 1.826m$，土压力水平分力的力臂 $H_f = 2.926m$，土压力垂直分力力臂 $X_f = 2.121m$。

抗倾覆安全系数公式如式（A.2）所示。

$$K_t = \frac{GX_0 + E_f}{E_x H_f} \geq 1.3 \tag{A.2}$$

得 $K_t = 2.07 > 1.3$，抗倾覆验算满足要求。

A.3.5 挡土墙墙身断面尺寸优化

因 $K_c > 1.0$，可调整挡土墙顶宽，进行挡土墙断面尺寸优化，使得挡土墙抗滑移稳定系数为1.0。根据计算结果，最终确定墙顶宽度 $w = 0.8$m。

A.3.6 锚杆锚固力计算

假设锚杆应提供的拉力为 T，根据式（A.1），K_c 应 ≥ 1.3，反算得单位宽度范围内的锚杆拉力 $T \geq$ 40.4kN。

A.4 锚拉式挡土墙锚杆预应力的确定

A.4.1 数值计算模型的建立

采用数值模拟软件 Plaxis 建立数值计算模型，如图 A.2 所示，设计 2 层锚杆，距墙顶分别为 2.5m、4.5m。

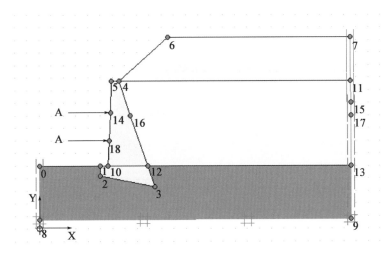

图 A.2　数值计算模型图

A.4.2 计算模型与计算参数选取

挡土墙采用线弹性本构模型，路基与地基均采用莫尔-库仑弹塑性本构模型，锚杆采用锚固单元进行模拟，挡土墙及土质参数见表 A.1。

表 A.1　挡土墙及土质参数表

名称	弹性模量 E（MPa）	剪切模量 G（MPa）	体积模量 K（MPa）	泊松比 μ	内摩擦角 φ（°）	黏聚力 c（kPa）	重度 γ（kN/m³）
挡土墙	5650	—	—	0.23	—	—	23
路基土	120	133	44	0.35	17.5	23	18.5
地基土	60	83	22	0.38	30	11	18

A.4.3 计算结果

分别计算无预应力锚杆与有预应力锚杆对挡土墙侧向位移的影响,结果如下:

(1)无预应力锚杆时:挡土墙最大位移为42.16mm,$\Delta h / H = 0.64\%$,不满足要求;

(2)有预应力锚杆时(预应力值为30kN/m):挡土墙最大位移为17.37mm,$\Delta h / H = 0.27\% < 0.3\%$,满足要求。

A.5 锚拉式挡土墙布置参数设计

A.5.1 锚杆参数设计

假定锚杆纵向间距为3m,选取锚杆直径$d = 20$mm,参照JTG D30的相关规定,由:

锚杆截面面积:
$$A = \frac{K_1 P_d}{F_{ptk}}$$

锚杆锚固长度:
$$L_a \geqslant \frac{K_2 P_d}{\pi d f_{rb}}$$

锚杆黏结长度:
$$L_g \geqslant \frac{K_2 P_d}{n \pi d_g f_b}$$

得到锚杆截面面积$A = 2.8$cm^2,锚杆锚固长度$L_a \geqslant 9.3$m,锚杆黏结强度$L_g \geqslant 0.73$m。

A.5.2 锚拉重力式挡土墙设计参数

根据以上计算结果,确定锚拉重力式挡土墙具体参数如图A.3所示。其中,墙高为6.5m,墙顶宽度为0.8m;锚杆长度为15m,直径为20mm,锚固长度取为10m,自由端长度取为5m,单根锚杆拉力90kN;锚杆上下两排按正方形布置,纵向间距3m,上下间距为2m。横系梁尺寸及配筋按照本标准6.3.4.10规定执行。

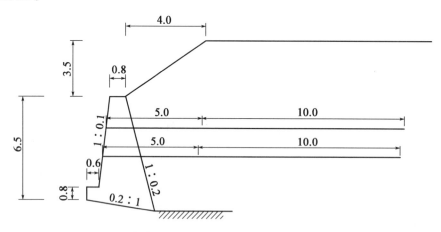

图 A.3 锚拉重力式挡土墙设计图(尺寸单位:m)